马小跳
发现之旅

萌萌的宠物

杨红樱 主编

U0248297

明天出版社
TOMORROW PUBLISHING HOUSE

图书在版编目（CIP）数据

萌萌的宠物 / 杨红樱主编；央美阳光编绘 . — 2
版 . — 济南：明天出版社，2017.4（2018.4 重印）
（马小跳发现之旅）
ISBN 978-7-5332-9157-0

Ⅰ . ①萌… Ⅱ . ①杨… ②央… Ⅲ . ①宠物 – 少儿读
物 Ⅳ . ① S865.3-49

中国版本图书馆 CIP 数据核字 (2017) 第 054800 号

主　　编	杨红樱
编　　绘	央美阳光
责任编辑	张丽雯
美术编辑	赵孟利
出版发行	山东出版传媒股份有限公司
	明天出版社
	山东省济南市市中区万寿路 19 号　　邮编：250003
	http://www.sdpress.com.cn http://www.tomorrowpub.com
经　　销	新华书店
印　　刷	济南新先锋彩印有限公司
版　　次	2016 年 5 月第 1 版　2017 年 4 月第 2 版
印　　次	2018 年 4 月第 8 次印刷
规　　格	170 毫米 ×240 毫米　16 开
印　　张	9
印　　数	80001-95000
ISBN	978-7-5332-9157-0
定　　价	25.00 元

如有印装质量问题　请与出版社联系调换
电话：0531-82098710

前言
FOREWORD

　　谁说科学只是书本上的文字？其实它无处不在。路边平凡的野花野草、田野中常见的庄稼作物、我们身边的宠物朋友、大自然中的风霜雨雪……它们的身上就藏着许许多多的秘密。亲爱的小朋友，如果你也像马小跳一样，脑门儿上写满了问号，对未知的世界好奇得不得了，那就和"科学探索队"一起行动吧！相信你会不虚此行，收获多多。

　　"我要探索大自然的奥秘！"这是马小跳的愿望；"我想走遍世界各地的图书馆！"这是丁文涛的目标；"我要和萌萌的宠物做朋友！"这是安琪儿的想法……他们可不是异想天开，因为"科学探索队"的小成员们不仅求知欲旺盛，还拥有神奇的"发现号"时光穿梭机，它可以上天入地、穿越古今。有了这个宝贝，还有什么地方去不了呢？

　　这一站，马小跳和他的"科学探索队"要去认识萌萌的宠物朋友，和帅气的金毛犬比一比谁跑得更快，与调皮的雪貂一起做游戏，观看高冠变色龙的变装表演，当鹩哥的"语言小老师"……一场妙趣横生的发现之旅即将开始！

　　怎么样，心动了吧？那还等什么，快跟上"科学探索队"，一起出发吧！

目录
CONTENTS

 第二章

乖巧小宠，萌萌的

第三章

个性异宠，太装酷

第四章

小鸟鱼虫也漂亮

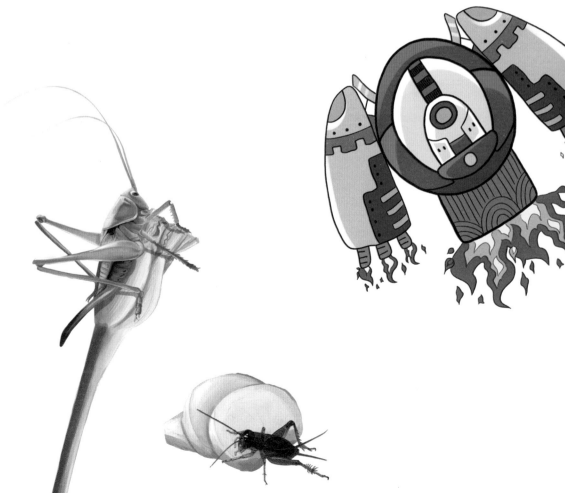

主要人物介绍

马小跳

　　四年级的小男生，一个完好地保持着孩子天性的孩子，一个理直气壮地做着孩子的孩子。他有天马行空般的想象力、强烈的好奇心和求知欲，还有一双善于发现问题的眼睛和一颗勇于探索的心。

安琪儿

　　马小跳的同班同学，她很笨，可她的脑筋可以急转弯，连最聪明的女孩都羡慕她。她还很虚心，爱提各种各样的问题。

唐飞

　　马小跳的好伙伴。他热爱美食，他的理想是长大了先当美食家，然后上电视当美食评委，吃遍天下美食。他还是个超级车迷，喜欢收藏汽车模型，对各种类型的汽车了如指掌。

张达

马小跳的好伙伴。他说话结巴,但行动敏捷。他喜欢户外活动,喜欢探险,喜欢和汽车赛跑,还会跆拳道,在体育比赛中常拿冠军,精通各种体育项目的比赛规则。

毛超

马小跳的好伙伴。他废话连篇,说十箩筐话,有九箩筐都是废话。他爱出馊主意,爱到处打探情报,散布小道消息。

路曼曼

马小跳班上的中队长,也是马小跳的同桌冤家,她和马小跳针锋相对,常常为一个问题争得面红耳赤,互不相让。

夏林果

马小跳班上最漂亮的女生,学校的大队长,全校闻名的芭蕾舞明星。她热爱音乐,热爱舞蹈,她的梦想是成为一位有造诣的艺术家。

丁文涛

马小跳班上的学习委员，上知天文，下知地理，人称"小百科"。他还是"成语大王"，厚厚一本《成语词典》，他都能背下来。

轰隆隆老师

他的名字叫雷鸣，是教马小跳科学课的老师。他总是穿着有许多口袋的裤子，从口袋里摸出各种各样的东西，将本来枯燥的科学课上得生动活泼。他常常在实验室里变魔术，一时间成为马小跳最崇拜的人。

马天笑先生

马小跳的爸爸，一个没有忘记自己曾经是孩子的大人。他是享誉全球的金牌玩具设计师，有童心、有幽默感、有想象力、有创造力。

暑假就要到了，轰隆隆老师给学生们留了一项课外作业——探索奇妙的世界。探索！马小跳一听见这两个字就高兴得跳了起来，他最喜欢探索未知的世界了！可是一个人"探索"有什么意思？当然要和小伙伴们一起啊。于是马小跳召集小伙伴们成立了一个探索队，还取名为"科学探索队"。小伙伴们摩拳擦掌，跃跃欲试，对即将到来的探索之旅充满了向往。只是，不得不说一句：马小跳，你这探索队的名字起得也太没个性了吧？

第一章

好玩儿的猫猫狗狗

会游泳的金毛犬

听说马小跳最近迷上了金毛犬，在街上每看见一条都要跟在后面观察好久。金毛犬有哪些独特的魅力让他这样着迷呢？快来看一看吧！

曾经是猎犬

最初，金毛犬是以巡回猎犬的身份出现在人们的生活里的，主要负责帮助猎人叼回猎物。现在，它们虽然成为不少家庭的宝贝宠物，但依然没有忘记自己的"本职"工作，经常会叼着自己的玩具送给主人。这样善解人意的狗狗，怎么会不让人喜欢呢？

快躲开，金毛犬冲过来和你抢吃的了！

应该躲你吧？金毛犬可不像你那么贪吃。

游泳能手

　　金毛犬天生对水情有独钟，有些家伙甚至见到水就会往里跳。它们好像是天生的游泳能手，可以在水里轻松自在地游来游去。如果犬类家族举办一场游泳比赛，它们一定能脱颖而出。主人如果带着金毛犬一起游泳，它们就会紧紧地跟在主人后面，保护主人的安全。

夏林果对你说

　　金毛犬智商较高，对主人非常忠心，经过训练可以成为导盲犬。它们就像神奇的手杖，带着盲人主人躲避障碍物，让主人能够放心地在街上行走。

呆萌又帅气的哈士奇

别看哈士奇身材高大，外形凶猛，实际上它们非常胆小，从来不会主动攻击其他狗狗。如果遇到其他小狗，哈士奇一般都会悄悄地躲在主人后面。

用尾巴说话

哈士奇总喜欢将尾巴左摇右摆，摆出不同的姿势，那是它们在表达自己的情绪呢！高兴的时候，它们追逐自己的尾巴，转着圈圈玩耍；害怕的时候，它们会将尾巴下垂，夹在后腿间；疑惑的时候，它们将尾巴上下摆动，好像在等着主人解开谜团。

安琪儿放大镜

夏季，哈士奇的鼻子是黑色的，上面湿乎乎的。但是，到了冬季，有些哈士奇的鼻子就会变成棕色或粉红色，这是因为冬季的光照减少才出现的现象。等到了夏天，它们的鼻子就又变成黑色了。

呆萌的宠物

哈士奇外形像野狼，它们有时会板着一张脸，用蓝色的眼睛冷漠地观察周围，看起来颇有王者之风。但是，下一秒它们可能会摇身一变，成为热情洋溢的表演家，热情地扑向你，用温暖的舌头不停地舔你，在你身上涂上湿漉漉的口水。它们还会做出一个个让人啼笑皆非的表情，逗得你哈哈大笑。

拉布拉多，值得信赖

小拉布拉多犬胖乎乎的，翘着一条小尾巴，在地上跑来跑去，别提多可爱了。快来和拉布拉多犬一起玩耍吧！

忠实的好伙伴

拉布拉多犬性情温顺，几乎不会主动攻击人类和其他动物。它们对主人非常忠诚，总是围在主人身边跑来跑去，通过摇尾巴、用身体蹭、舌头舔等方式取悦主人。它们聪明乖巧、善解人意，而且适应性很强，很容易被调教，因此成了很受欢迎的宠物。

和我一样活泼。

拉布拉多和我一样聪明。

和我一样喜欢美食。

马小跳告诉你

　　拉布拉多犬的耳朵比较大，总是贴着头部，这样非常不利于外耳道透气，而且容易积累耳垢。因此，主人们应该经常帮拉布拉多犬清理耳朵，保持耳朵卫生。

瞧，一个"大雪球"

萨摩耶非常淘气，喜欢追着小皮球玩耍。但是它们也很聪明，捡到小皮球后就会乖乖地送给主人，并且不停地摇摆大尾巴，取悦主人。

洁白的"大雪球"

萨摩耶体格强健，蓬松的长毛让它们看起来胖胖的，就像一个洁白的绒球。它们的头圆圆的，乌黑的大鼻子格外抢眼，两只尖尖的耳朵几乎被长毛遮住，一对乌黑的眼睛看起来炯炯有神。萨摩耶的嘴唇是黑色的，嘴角还微微上翘，看起来就像在微笑，它们也因此获得了"微笑天使"的称号呢！

有时候会发脾气

　　萨摩耶如果被主人关在家里，又没有小伙伴陪它们玩耍，它们就会感到孤独、烦恼。这时候，它们就会破坏东西来缓解情绪，把周围搞得一片狼藉。其实，只要给它们买一些合适的玩具，让它们把注意力放在玩具上，萨摩耶就不会随意搞破坏了。

丁文涛小课堂

　　萨摩耶喜欢吞咽玩具，它们的玩具体积应该稍微大一些，以免被它们吞入口中造成伤害。此外，萨摩耶有时会大力撕咬玩具，将玩具损毁。所以，主人在选玩具的时候，应该选一些不容易被撕碎的玩具。

它像个小贵妇——贵宾犬

泰迪是不是贵宾犬？围绕这个问题，毛超和路曼曼争论了好久，但都没有说服对方。他们决定了解一下贵宾犬，再来探讨这个问题。

不对，它们是两种狗狗。你看泰迪多漂亮。

你化了妆也很漂亮啊。

泰迪其实就是贵宾犬。

惹人喜爱的萌宠

贵宾犬曾是欧洲贵族妇人的开心果，因而也被称为"贵妇犬"。它们长着浓密、均匀的长卷毛，看起来像一个可爱的毛绒玩具。贵宾犬活泼好动，走路时总是昂首挺胸，气质优雅。它们聪明灵巧，有着极高的智商，记忆力也很好，经过训练可以进行各种各样的表演。

造型多样

    为了让贵宾犬看起来更加可爱迷人，人们会对它们的毛发加以修剪，并且给贵宾犬穿上漂亮的衣服，做出各种新颖别致的造型。它们有的戴着优雅的礼帽，有的围着别致的毛绒围巾，还有的穿着可爱的毛绒靴子……造型别致多样，有趣极了！

毛超也来讲一讲

    泰迪犬是生活中比较常见的一种宠物犬，它们其实就是贵宾犬。人们将贵宾犬的毛发加以修剪，让它们看起来就像可爱的泰迪熊，于是就出现了萌萌的泰迪犬。

23

漂亮的喜乐蒂

喜乐蒂活泼好动，它们好像有无穷的精力，总是跑来跑去，不停地玩耍。主人应该为它们提供充足的空间，或经常带它们到户外散步，以满足它们的运动需求。

漂亮的小狗

喜乐蒂是一种漂亮的宠物犬，它们四肢灵活，运动起来轻巧敏捷。它们身披柔顺的长毛，胸部的毛更是飘逸洁白，就像一条别致的毛绒围巾。在长毛的装饰下，雄性喜乐蒂看起来威风凛凛，雌性喜乐蒂则显得柔美大方。奔跑的时候，喜乐蒂的长毛会飘动起来，显得更加英俊潇洒。

喜乐蒂的血统

　　喜乐蒂的漂亮优雅源于它们特殊的血统。在很久以前，苏格兰边境牧羊犬流落到英格兰喜乐蒂岛，并且与当地的小型长毛犬结合，孕育出了一种体形较小的品种。随后，新品种的狗狗又偶尔会与长毛柯利犬相互结合，经过一代代的品种改良，最终孕育出漂亮、聪明的喜乐蒂。

把好吃的拿出来。

谁教你的？

喜乐蒂啊，它们要食物的时候就这么做。

唐飞说一说

　　喜乐蒂在外型上与苏格兰牧羊犬非常像，但喜乐蒂的腿比较短，骨骼比苏格兰牧羊犬纤细，运动起来也更加活泼灵巧。

喜乐蒂

苏格兰牧羊犬

伸出爪子要食物

在主人的训练下，喜乐蒂可以很快学会与人握手的动作，而且会经常通过握手的方式取悦主人。当主人享受美味大餐的时候，喜乐蒂就会欢快地跑到主人旁边，不停地伸出爪子和主人握手，并且流着口水含情脉脉地望着主人，好像在说："主人，我也想吃。"

性格很倔强

喜乐蒂比较固执，不喜欢改变生活习性。如果它们选定了一个睡觉的地方，就不会轻易改变，即使主人给它们做了一个更好的窝，它们也不会被诱惑。喜乐蒂还会认定一个固定的卫生间，然后坚持到那里排泄。

脾气有点儿差

在主人面前，喜乐蒂总是一副温顺听话、惹人喜欢的样子。但是，有时候它们也会变得非常凶猛。如果家里来了陌生人，喜乐蒂就会非常警惕，还会对着陌生人吠叫，甚至会攻击那些不怀好意的人。

夏林果对你说

喜乐蒂的性格倔强，很难改变。所以，在它们小的时候，主人就应该严格要求，规范它们的行为，不要过于宠爱，而让它们养成坏习惯。

耳朵像蝴蝶——蝴蝶犬

蝴蝶犬漂亮高贵，是深受法国贵族夫人青睐的宠物。它们经常出现在贵族家里，有些贵族夫人在画肖像时还会带上它们呢，可见蝴蝶犬多么受人欢迎。

大耳朵

蝴蝶犬的耳朵非常大，上面长着浓密柔顺的长毛。根据耳朵的形态，蝴蝶犬可以分为立耳型和垂耳型两类。立耳型蝴蝶犬的耳朵在头部两侧斜着伸展，上面的长毛会随着蝴蝶犬的运动飘逸摆动，让耳朵看起来就像展翅飞翔的蝴蝶；垂耳型蝴蝶犬的耳朵是完全向下的，贴在头部两侧，上面柔顺的长毛垂下来，就像扎着两条辫子。

大尾巴

蝴蝶犬的尾巴比较长，上面长着顺滑的装饰性长毛。蝴蝶犬喜欢把尾巴竖起来，朝着背部弯曲，让尾巴上的长毛自然地垂落在身体两侧。走路的时候，蝴蝶犬尾巴上的长毛就成了漂亮的流苏，不停地飘来飘去，看起来优雅极了。

占有欲很强

蝴蝶犬对主人非常忠心，同时，它们也希望主人只喜欢自己。如果主人对其他小狗做出亲昵的举动，蝴蝶犬就会非常不开心，并且嫉妒那些被主人亲近的小狗，甚至会对那些狗狗大叫，好像在说："这是我的主人，不许和我抢！"

史努比的原型——比格犬

在儿童玩具上，我们经常会看到一只萌萌的小狗，它就是让很多人喜欢的史努比，原型是可爱的比格犬。

大耳朵

比格犬的耳朵又肥又大，总是软软地垂在头部两侧，下缘又宽又圆。当比格犬运动的时候，两只大耳朵就会有节奏地左右摇摆，有时候还会上下翻飞，看起来有趣极了。

独特的颜色

比格犬毛色多样，有白色、巧克力色，也有淡黄色。但仔细观察就会发现，无论哪种颜色的比格犬，它们四肢下半部分的毛都是白色的，看起来就像穿着白色的袜子。

喜欢大叫

比格犬非常喜欢大声叫嚷，不开心的时候会叫，兴奋的时候也会叫。如果几只比格犬在一起玩耍，它们就会开展吠叫比赛，叫声此起彼伏，热闹极了。但是，它们的叫声可能会打扰到周围的邻居，这就需要主人严格训练它们，让它们养成不乱叫的好习惯。

贪吃

　　正如史努比所表现的那样，比格犬非常贪吃。它们一见到美食就停不下来，经常吃得肚子圆鼓鼓的。平时在家里，它们也会到处闻一闻、舔一舔，把主人藏起来的食物偷偷吃掉。

好奇心强

比格犬对周围的一切都充满好奇。有时候，它们在屋子里懒洋洋地打盹，只要屋外有轻微的声音，它们就会瞬间精神饱满地飞扑出去看个究竟。如果没关窗子，它们甚至会从窗子里跳出去。在散步的时候看到其他小狗，比格犬也会激动不已，想凑过去和它玩耍。

破坏大王

比格犬活泼好动，就像一个不知疲倦的顽童，喜欢不停地运动。如果主人不经常带它们出去散步玩耍，它们就会把家里当成运动场，东奔西跑，叼着各种玩具随便乱扔。有时候，它们玩性大发，还会对着家具等物品进行扑咬训练，尖锐的牙齿和锋利的爪子经常弄得家里一片狼藉。

安琪儿放大镜

比格犬玩起来就像脱缰的野马，有时候会造成扭伤。但是，比格犬不会把轻微的小伤放在眼里，依旧不停地玩耍，这样就会造成更严重的扭伤。因此，主人应该经常注意比格犬脚部的状况。

大眼睛的吉娃娃

吉娃娃是一种身材非常娇小的宠物犬，自古以来就很受人们欢迎。它们机智灵巧、动作迅速，而且不需要很大的饲养空间，很适合养在室内，帮主人解闷儿。

吉娃娃太凶猛了，但是我不怕它。

为什么？

我跑得比它快。

娇小的萌宠

吉娃娃犬是世界上身材最娇小的犬类之一。它们的头圆圆的，大眼睛水汪汪的，耳朵尖尖的，看起来漂亮极了。它们非常黏人，喜欢围着主人转来转去。吉娃娃有时还会撒娇，它们在地上站着不动，睁着水汪汪的大眼睛看着主人，等着主人把它们抱起来。

非常勇敢

吉娃娃虽然身材娇小，但面对比自己体形大好几倍的狗时，却一点儿都不胆怯。有时候吉娃娃还会对着陌生的大狗吠叫示威，甚至冲上去挑战，好像在说："哼，离我远点，我可不是好惹的！"

它们很怕冷

吉娃娃的毛非常短，而且没有厚厚的绒毛保温，因此吉娃娃非常怕冷。天气寒冷的时候，不要带它们出去玩，否则吉娃娃会受寒生病。不要担心吉娃娃会不高兴，其实它们很乐意待在温暖的家里。

张达讲一讲

吉娃娃怕冷，它们应该多吃温热的食物。另外，吉娃娃的饭量很小，但很容易饥饿，所以要合理控制它们的饮食。最好是每天分多次给它们喂食，每次不要让它们吃太多，以免它长得过于肥胖。

35

日本国犬——秋田犬

秋田犬长着尖尖的嘴巴，小小的耳朵，还有总是不停摇摆的大尾巴。它们温顺沉稳、举止庄重，非常受人喜欢。

忠诚的卫士

秋田犬对主人非常忠心，如果遇到危险，会勇敢地挡在主人前面，保护主人。它们的忠诚也赢得了主人绝对的信任，在日本，有些家庭会放心地把小朋友交给秋田犬照料。

秋田犬的家族史

　　秋田犬原产于日本秋田县，是日本最具代表性的犬类。秋田犬最初是用来协助猎人捕猎熊、野猪等大型野生动物的猎犬，后来又被训练成激励武士的斗犬。日本禁止斗犬后，秋田犬的数量曾急剧减少，为了加以保护，人们将其誉为国犬。随着社会发展，秋田犬逐渐转换身份，凭借优良的本性和非凡的勇气，成为受人欢迎的家庭宠物。

路曼曼讲故事

　　影片《忠犬八公的故事》讲述了一条名为八公的秋田犬与主人之间的感人故事。八公每天在车站等着主人上下班，即使主人去世了，它依然风雨无阻地等了很多年，直到老去。影片感动了众多观影人，也将秋田犬的忠诚表现得淋漓尽致。

运动，运动

　　秋田犬可是闲不下来的狗狗。如果一直把它们关在室内，它们会非常郁闷，觉得受到了约束，有时候就会发脾气，把家里弄得一片狼藉。为了缓解秋田犬的郁闷情绪，主人应该经常带它们到户外散步玩耍，接触大自然。

脾气很暴躁

　　秋田犬虽然已经成为家庭宠物，但是它们身上还保留着一些猎犬的野性。它们经常与其他狗狗发生争斗，如果两只雄性秋田犬碰到一起，更要展开一场激战。此外，秋田犬平时见到其他小动物，也会凶猛地扑过去追捕。为了控制秋田犬的野性，主人带它们出去散步玩耍之前，应该给秋田犬戴上项圈。

夏林果对你说

　　成年的秋田犬力量很大，不好控制。主人应该在它们小时候就加以训练，这样它们长大以后才能够温顺听话。

真像一只小狐狸——博美犬

路过宠物店时，"科学探索队"的小伙伴们被博美犬吸引住了。马小跳提议，大家应该了解一下这种狗狗，并且把它介绍给其他小朋友。

看起来像狐狸

博美犬也被人们称为"狐狸犬"，因为它们长着尖尖的耳朵、小巧的嘴巴、乌黑的眼睛，看起来就像聪明的狐狸。除了外形像狐狸，博美犬的行为也很像狐狸，它们总是对周围充满好奇和警惕，跑起来也像狐狸一样轻快灵巧。

理想的看守犬

　　博美犬很机警，周围任何的微小响动都会被它们灵敏的耳朵捕捉到，是看家能手。它们虽然体形很小，但是叫声非常洪亮。博美犬不信任陌生人，如果看到陌生人来了，就会大声叫起来，提醒主人加以注意。

喜欢玩耍

　　博美犬活泼好动，喜欢不停地跑来跑去，有时候还会跳到沙发上玩耍一番。它们经常把各种小物品当成玩具，练习扑咬，自娱自乐。

安琪儿放大镜

　　博美犬的体毛有两层，上层是飘逸的长毛，下层是浓密的短毛。幼犬时期，博美犬的长毛还没有完全长出来。慢慢地，博美犬的上层毛越来越长，在短毛的支撑下非常蓬松，这样，博美犬看起来就像一个蹦蹦跳跳的绒球。

身子长长的腊肠犬

腊肠犬是犬类家族里的小矮人，它们凭借独特的外形成为深受人们喜爱的宠物犬。在家里，腊肠犬温顺可爱，是主人的好伙伴；在外面，腊肠犬自信勇猛，是主人的好卫士。

独特的外形

腊肠犬身体和脖子都很长，但是腿非常短，这是它们最大的特点。腊肠犬的大眼睛总是亮晶晶的，留意着周围的风吹草动。两只大耳朵就像宽大的叶子，随着腊肠犬的运动不停摇摆。腊肠犬的个性非常独立，并不喜欢被主人特殊照料。它们体力充沛，有着发达的肌肉，是优秀的运动员，奔跑起来非常迅速。

勇猛的战士

很久以前，腊肠犬是森林里著名的猎犬。凭借身材优势，腊肠犬能帮助猎人捕杀獾类等穴居动物。追到獾之后，它们会与猎物展开激烈搏斗，直到将猎物制服。现在，腊肠犬虽然成了可爱的宠物犬，但它们见到小鸟和其他小动物时，仍会乐此不疲地跑去追逐。

马小跳告诉你

人们为了获取更优质的狗，让腊肠犬与其他种类的狗结合。经过长期的选育工作，人们培育出了短毛腊肠犬、长毛腊肠犬和刚毛腊肠犬。它们虽然都被称为腊肠犬，但属于不同的犬种。

要不怎么叫"拉长"犬呢！

腊肠犬的身体可真长。

43

长着长发的西施犬

西施犬是一种非常古老的玩赏犬，曾经深受中国古代贵族的宠爱。它们被引进欧洲后，很快就赢得了人们的芳心，在国际萌宠的舞台上大放异彩。

华丽的长毛

西施犬的全身披着柔顺的长毛，当它们在地面上趴着时，垂落在地上的长毛就会散开，就像一件漂亮的拖地长裙。它们头部的毛发也又长又密，就像女孩子的长发。主人会把西施犬的长发扎成各式各样的发辫，把它们打扮成可爱迷人的小公主。

喜欢玩耍

西施犬非常喜欢和主人一起玩耍，如果主人很忙，它们就跑到一边自娱自乐。有时叼着自己的玩具，跑跑跳跳，就像一个不知疲倦的顽童；有时也会躺在地板上晒晒太阳，或跑到窗边欣赏外面的风景。

路曼曼讲故事

西施犬原产于中国西藏，后来被当作贡品献给朝廷，成为深受王公贵族喜爱的宠物犬。在皇宫里，还有负责养西施犬的专职人员。他们之间会竞争，希望自己养的西施犬更能讨王公贵族的欢心。

梳着卷发的比熊犬

比熊犬长着蓬松的长毛，摸上去软绵绵的。它们顽皮可爱，经常做出各种搞笑的动作逗人开心，因此深受人们喜爱。

就像棉花糖

比熊犬的毛非常浓密，而且蓬松别致、微微卷曲，就像女孩子漂亮的卷发。在"卷发"的装饰下，比熊犬看起来胖乎乎的，就像洁白的棉花糖。主人需要经常帮助比熊犬修剪长毛，以免毛发过长，遮住它们美丽动人的黑眼睛。

充满欢乐

比熊犬总喜欢把尾巴高高卷在背后，眨着好奇的眼睛这边瞧瞧、那边瞅瞅，然后迈着轻快的小碎步东奔西跑，就像一个充满好奇心的孩子。过一会儿，它们就会跑到主人旁边，张开小嘴，天真无邪地盯着主人。看着这样的小萌宠，相信主人的一切烦恼都会烟消云散。

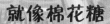

夏林果对你说

洁白的被毛让比熊犬显得越发可爱。主人要定期给它修整，天热的时候尽量每天都给它洗澡并梳理，然后把过长的毛修剪掉。做这些事情时动作慢一点，不要划伤比熊犬的皮肤。

47

沙皮犬的皱纹真是多

　　沙皮犬产于中国南方，曾是斗狗场上的常胜将军。后来，沙皮犬逐渐成为宠物犬。它们外形别致有趣，性格温顺善良，而且对主人非常忠诚。

看起来非常奇特

　　沙皮犬看着胖乎乎的，皮肤上充满褶皱。它们的头非常大，嘴巴也大大的，三角形的眼睛几乎被褶皱的皮肤遮住。当沙皮犬静静地待着时，神情看上去非常忧郁哀怨，但千万不要被它们的外表迷惑，沙皮犬的个性其实非常活泼。

个性独立

　　沙皮犬不喜欢运动，吃饱了就趴在地板上养精蓄锐。它们个性独立，不喜欢与其他宠物犬玩耍。沙皮犬还保留着斗犬的一些本性，具有一定的攻击性。有些想要接近沙皮犬的小狗，如果好奇地跑到沙皮犬身边，可能会被沙皮犬追着咬一番。

你为什么穿这样的衣服?

我在模仿沙皮犬。

唐飞也来说一说

沙皮犬皮肤褶皱较多，很容易积累污垢。主人应该保持沙皮犬居住环境的卫生，并且经常给沙皮犬洗澡，或用湿毛巾给沙皮犬擦身体，帮它们清理皮肤褶皱里的污垢，保持卫生。

皮毛摸上去像砂纸

沙皮犬的毛发很短，而且比较粗硬，摸上去很粗糙，就像砂纸一样。当沙皮犬的被毛竖立起来的时候，就形成了一件带刺的保护衣，这样一来，其他动物就不敢轻易用嘴咬沙皮犬了。

耳朵真奇怪——苏格兰折耳猫

大部分猫的耳朵都是竖立在头上的,但是,苏格兰折耳猫的耳朵是弯曲的,就像贴在头上一样。这种别致的造型让苏格兰折耳猫显得与众不同。

小猫不"折耳"

苏格兰折耳猫刚出生的时候,耳朵与其他品种的猫没有任何不同,都是竖立在头上的。半个月以后,它们的耳朵就发生了微妙的变化,开始微微卷曲。但是,也有一些苏格兰折耳猫要两个月左右才出现"折耳"的特征。

陪伴主人

苏格兰折耳猫非常黏人。它们喜欢参与主人平时的所有活动，但不会像其他猫那样调皮，给主人帮倒忙，而是安静地陪在主人身边，疲倦了就趴在主人身旁呼呼大睡。

路曼曼讲故事

1961 年，苏格兰的一只母猫生了一些小猫，其中有一只白色的小猫，头圆圆的，眼睛大大的，尤其招人喜欢。在成长过程中，这只小猫的耳朵垂下来，耳朵尖指向头部前方。经过人们不断选育，当地又出现了更多折耳的猫，被人们称为"苏格兰折耳猫"。

软绵绵的布偶猫

布偶猫也称"布拉多尔猫"，是一种体形比较大的宠物猫。它们的身体非常柔软，摸起来就像布娃娃，非常惹人喜欢。

就像软绵绵的布偶

布偶猫幼崽的毛是白色的，比较稀疏。在成长过程中，布偶猫的毛越来越浓密，长度也有所增加，身上还会长出漂亮的斑纹。成熟的布偶猫体毛蓬松柔软，尤其是颈部的毛，更是浓密又顺滑。在长毛的包裹下，布偶猫抱起来软绵绵的，就像一个柔软的布娃娃。

布偶猫为什么也叫仙女猫呢？

因为长得漂亮啊。

有时会搞破坏

布偶猫温顺安静，如同优雅的小公主。但有时它们也会玩性大发，不停地在家具上摩拳擦掌，展示自己锋利的爪子，或跳上桌子，环视周围，甚至还会顺着窗帘向上攀爬，自娱自乐。为了不让布偶猫破坏家具，主人应该给它们提供猫抓板、猫爬架等活动设施，让布偶猫能够尽情玩耍。

黏人的小宠物

布偶猫温顺安静，喜欢黏着主人。主人如果在沙发上坐着，布偶猫就会跳到主人腿上，眯着眼睛，悠闲地打起呼噜。心情好的时候，它们也会伸出舌头舔一下主人的手。如果主人用手抚摸它们，它们就会伸伸懒腰，眯着眼睛享受主人的宠爱。主人睡觉的时候，布偶猫也要跑过来凑凑热闹，有时靠在主人的胳膊上，有时趴在主人身上。

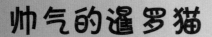

帅气的暹罗猫

认识了美丽的布偶猫，"科学探索队"的小伙伴们打算去了解帅气的暹罗猫。据说，它们的身份非常高贵，曾经只生活在泰国的皇宫里。18 世纪末，暹罗猫才从泰国被引进到其他国家。

优雅的暹罗猫

暹罗猫体形修长，一双大耳朵格外显眼。不过，更加引人注目的是暹罗猫蓝色的大眼睛。它们的眼睛明亮清澈，就像蓝色的宝石，闪烁着智慧的光芒，看起来充满神秘感。

变、变、变

刚出生的暹罗猫幼崽是白色的，半个月后，它们的耳朵尖、脸、尾巴和爪子就会开始逐渐变色。随着小猫们的成长，它们的毛会越来越光亮，耳朵、脸和爪子的颜色也会不断加深，与身上的白色形成对比，就像精心雕琢的艺术品。

丁文涛小课堂

　　暹罗猫优雅动人，让人忍不住想要去抱一下。但是，如果抱的姿势不对，很容易让暹罗猫反感，有时候它们还会做出伤人的举动。为了不被暹罗猫伤到，在抱它们的时候，应该先抚摸它们，等暹罗猫感到舒适后再抱起它们。

猫中王子——波斯猫

　　波斯猫是猫类家族里比较喜欢安静的成员，它们温和乖巧，叫声也很温柔，深受人们喜爱。

高贵的王子

　　波斯猫体形肥大，被毛又厚又长，看起来就像一个圆球，给人一种雍容华贵的感觉。它们的头圆圆的，脸部又宽又平，耳朵和鼻子非常小巧，圆圆的大眼睛就像宝石。它们喜欢甩着蓬松的大尾巴悠闲地散步，看起来就像骄傲的猫中王子。

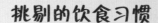

挑剔的饮食习惯

　　波斯猫吃饭的时候有很多怪癖。它们就像任性的小朋友，喜欢在自己特定的餐盘里吃饭。如果主人随意更换了它们的餐盘，波斯猫就会耍脾气，故意不吃饭。波斯猫进餐的时候，不喜欢被陌生人盯着看，如果被盯着进食，它们的食欲就会降低。此外，波斯猫对就餐环境也有很高的要求，周围一定要安静，而且不能有强烈的光照。

喜欢舔毛

　　波斯猫很讲究卫生，它们喜欢用舌头舔自己，进行自我清洁。吃饱喝足后，它们还会用前爪擦擦嘴角，把胡须上的食物残渣清理掉。被人抱过之后，波斯猫也会用舌头舔毛，以除去身上的人的气味。

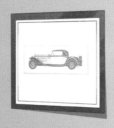

安琪儿放大镜

　　猫经常舔毛。它们的舌头上有很多小突起，因而非常粗糙，适合用来清理留在毛发上的食物残渣等东西。猫舔毛不仅可以保持清洁，还能够使毛发更加光亮润滑，不容易被水打湿。同时，猫还能在舔毛的时候舔食到一些营养物质，有利于身体发育。另外，舔毛还能帮助它们散热。

喜欢睡懒觉

　　波斯猫很少像其他猫那样跳上跳下地疯玩。无聊时，它们会在地板上摆弄自己的玩具。疲倦的时候，它们就沐浴着温暖的阳光呼呼大睡。即使睡不着，它们也会眯着眼睛养精蓄锐，懒洋洋地不想运动。

59

猫中贵族——金吉拉猫

在宠物店里，小伙伴们围绕着一只胖乎乎的猫争论起来。马小跳认为那是波斯猫，但路曼曼认为那不是波斯猫，因为它体形很小。大家各执己见，争论不休，于是决定弄清楚那只猫的来历。

高贵的姿态

金吉拉猫胖乎乎的，披着浓密的长毛，就像一个可爱的毛球。它们的外形与波斯猫很像，但比波斯猫更为娇小，而且行动起来也比波斯猫灵活。金吉拉猫的眼睛圆圆的，眼睛周围还有一圈黑色，就像画了眼线一样。金吉拉猫喜欢安静，行动起来自信优雅，给人高贵的感觉。

喜欢撒娇

　　金吉拉猫天生顽皮可爱，喜欢亲近主人。它们总是蹦蹦跳跳地围在主人周围，玩累了就跑到主人旁边，贴着主人悠闲地养精蓄锐。有时候，它们还会亲昵地向主人怀里钻，就像一个需要宠爱的小顽童。如果主人轻轻地抚摸它们，它们就会发出呼噜呼噜的声音，陶醉其中，好像在对主人说："好舒服呀！"

丁文涛小课堂

　　金吉拉猫其实是人们以波斯猫为基础，人工选育出来的一个新品种，所以它们在外形上与波斯猫很像。在美国，人们把它们归为暗色波斯猫的一个品种。

受欢迎的加菲猫

人们很喜欢波斯猫优雅的外形和温顺的性格，但是，它们的长毛打理起来却非常费力气。于是，人们将波斯猫与其他品种的猫结合，培育出了活泼可爱、毛发容易打理的加菲猫。

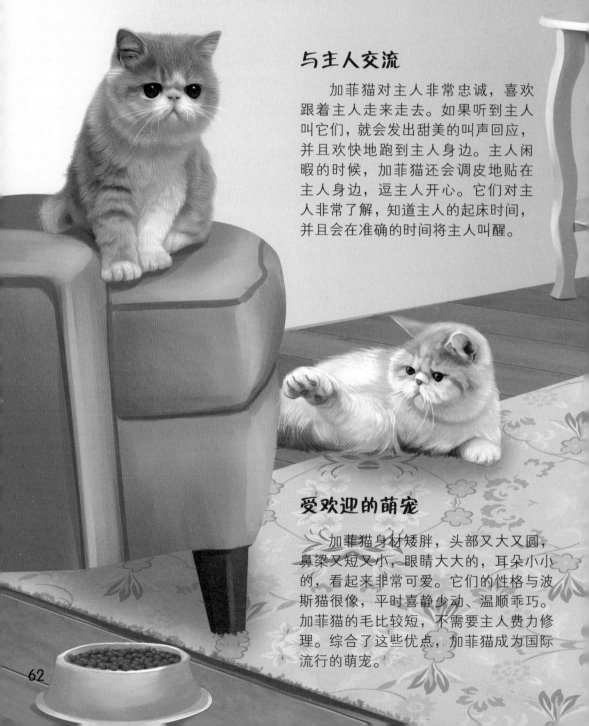

与主人交流

加菲猫对主人非常忠诚，喜欢跟着主人走来走去。如果听到主人叫它们，就会发出甜美的叫声回应，并且欢快地跑到主人身边。主人闲暇的时候，加菲猫还会调皮地贴在主人身边，逗主人开心。它们对主人非常了解，知道主人的起床时间，并且会在准确的时间将主人叫醒。

受欢迎的萌宠

加菲猫身材矮胖，头部又大又圆，鼻梁又短又小，眼睛大大的，耳朵小小的，看起来非常可爱。它们的性格与波斯猫很像，平时喜静少动、温顺乖巧。加菲猫的毛比较短，不需要主人费力修理。综合了这些优点，加菲猫成为国际流行的萌宠。

加菲猫真好玩，胖乎乎的。

应该叫它"加肥猫"吧。

马小跳告诉你

加菲猫性格温顺乖巧，不像其他猫猫那样高傲。如果家里还有其他宠物，加菲猫也能够与它们友好相处，成为好朋友。

第二章

乖巧小宠，萌萌的

垂耳兔，你的耳朵真有趣

在兔子的大家族里，有一些非常有趣的成员，它们的耳朵就像发辫一样垂在头部两侧，人们称这些兔子为垂耳兔。

让兔子耳朵垂下来。

变什么？

垂耳兔本来就是垂着耳朵的。

给大家变个魔术。

胆小的垂耳兔

　　垂耳兔胆小机警，总是对周围环境保持警惕。进餐的时候，垂耳兔吃一会儿就要抬起头瞅瞅周围，知道没有危险后才会低下头继续吃。如果突然听到声响，垂耳兔就会瞬间抬起头，有时候嘴里还叼着菜叶，样子非常滑稽。受到惊吓的垂耳兔会一直紧绷着神经，甚至没心情继续进餐了。

耐寒怕热

　　垂耳兔的毛发又长又密，非常保暖。冬天，垂耳兔靠着温暖的兔毛可以抵御零摄氏度以下的低温。到了夏季，长长的兔毛则让它们有些郁闷，这些长毛妨碍了垂耳兔散热，它们经常被热得气喘吁吁。

毛超也来讲一讲

　　当外界气温很高的时候，垂耳兔就会增加呼吸次数，将体内多余的热量通过呼气的方式排出去。它们还经常趴在地板上，让凉凉的地板帮助自己降温。

喜欢和同性打架

　　垂耳兔温顺乖巧，看起来娇滴滴的。但是，如果两只性别相同的垂耳兔遇到一起，它们就会一改乖巧的模样，大打出手。它们不停地追逐，用小嘴去咬对方，有时候还会打成一团，直到一方认输，远远地躲到一边。不过，如果把性别不同的垂耳兔放在一起，它们就不会打架了，而且相处得很和谐。

安琪儿放大镜

小兔子活泼可爱，让人忍不住想要抱一下。但是，抱小兔子的时候不要去抓它们的耳朵，因为它们的耳朵上有很多神经，如果将兔耳抓伤，很容易让小兔子的神经受损。

夜间行动

白天的时候，垂耳兔一般很少活动，除非是肚子饿了，它们才懒洋洋地出来进餐。其余的时间，它们就会在笼子里一动不动地趴着，或干脆在窝里呼呼大睡。夜晚降临后，垂耳兔就精神起来了，它们从笼子里跑出来，在地板上跑来跑去，还经常跑到餐盘旁吃东西。

可爱的公主兔

在宠物兔家族里，公主兔是非常受人欢迎的漂亮小兔子。它们活泼好动、生存能力强，而且非常重情重义。如果想养一只宠物兔，公主兔是不错的选择。

高兴的时候会跳

公主兔如果感到高兴，就会在原地不停地跳跃，有时还会在跳跃的时候做一个优雅的转身，就像在开心地跳舞。有时候，它们还会一边跳跃一边摇头，或者抽动小尾巴，这是它们在向主人撒娇呢。

任性的小家伙

公主兔不喜欢别人去碰自己的东西。主人给它们换餐盘时，它们可能会迅速扑过来，并且用脚尖站立，盯着主人，有时候还会发出轻微的叫声，好像在说："别碰我的餐盘，我不开心了！"这时候，主人应该轻轻抚摸它们，让它们知道主人没有恶意，不然，公主兔可能会发脾气的。

71

小巧玲珑的仓鼠

仓鼠长相奇特，虽然看起来像老鼠，但它们的尾巴小小的，身体圆滚滚的，显得非常可爱。仓鼠的嘴巴就是一个移动的小粮仓，它们喜欢把食物储存在嘴巴里，所以得名仓鼠。

仓鼠的情绪

仓鼠不会通过语言与主人沟通，但是它们会通过各种行为表达自己的情绪。当它们感到厌烦或恐惧的时候，就会把耳朵垂下来；当它们对周围的环境感到陌生的时候，就会小心地从笼子里不停地探出头，观察周围的环境，然后谨慎地钻出笼子，到处闻一闻。

仓鼠的领地

仓鼠有很强的领地意识，喜欢自己占有整个鼠笼。如果笼子里来了一只新成员，笼子的主人可能就要不开心了，它们会展开激烈的战斗。另外，如果主人手上有其他仓鼠的气味，小仓鼠也会非常不开心，当主人抚摸它们的时候，它们会表现出不友好的姿态。

夏林果对你说

　　仓鼠经常会不停地咬笼子的栏杆，它们并非是想要逃跑，而是在打磨牙齿。仓鼠的牙齿不停生长，如果牙齿过长，仓鼠用起来就会不方便。所以，主人可以在鼠笼里放一些磨牙棒，让仓鼠更好地打磨牙齿。

仓鼠的脸为什么圆鼓鼓的？

因为它们嘴里储藏着食物。

怎么不储存在鼠笼里？

怕你和它们抢吧。

73

你知道龙猫吗

　　龙猫是不是猫？围绕这个问题，马小跳和路曼曼展开了激烈的辩论，但他们都不能说服对方。于是，"科学探索队"对龙猫这种神奇的宠物展开了探索。

惹人喜爱的外形

　　龙猫在笼子里悠闲地打着盹，看起来就像一只小兔子。它们的耳朵比兔耳小很多，形状圆圆的，看起来和米老鼠的耳朵很像。它们前肢短小，后肢却非常发达，可以轻松地进行跳跃。不能忽略的是，它们还长着一条大尾巴呢！虽然名字中有个"猫"字，但龙猫可不是猫，它们是啮齿目动物中的一员，是老鼠的亲戚。

别致的被毛

龙猫的体毛浓密而均匀，主要由纤细柔软的绒毛组成。龙猫的绒毛通常是几十根成为一簇，从一个毛囊里生长出来，每根绒毛比蛛丝还要细，因而人们也把龙猫称为"毛丝鼠"。

丁文涛小课堂

龙猫是世界上现有动物里毛的密度最高的动物之一。浓密的体毛让跳蚤等讨厌的寄生虫不能接触龙猫的皮肤，因而主人不用担心龙猫会长跳蚤，这也是龙猫受欢迎的原因之一。

龙猫是一种很厉害的猫。

不是，龙猫是鼠。

那就不应该叫作猫。

那鳄鱼也不应该叫作鱼。

吃东西像松鼠

　　龙猫小小的前肢上长着带有五趾的小爪子,可以灵巧地活动。吃东西的时候,龙猫会用后肢支撑身体,坐立在地上,像松鼠一样用灵活的前爪去抓取食物,然后送到嘴里细细品尝。如果食物很大,它们还会用两只爪子抱着食物大吃,偶尔会抬起头,一边吃一边警惕地看看周围,那模样可爱极了。

喜欢在沙子里洗澡

    龙猫很喜欢干净，它们会自己洗澡，清理毛发上的脏东西。不过，它们洗澡并不是用水，而是用沙子。龙猫洗澡的时候，会在沙盘里不停地跑来跑去，用小爪子梳理毛发，有时候还会趴在沙盘里滚来滚去。洗过澡之后，残留在毛发上的食物碎屑就会掉落到沙盘里，龙猫的皮毛则更加柔顺光滑了。

77

荷兰猪不是猪

　　荷兰猪不是猪，而是一种名为豚鼠的啮齿动物。它们原产于南美洲安第斯山脉，被欧洲商人带到欧洲后，荷兰猪凭借可爱的外形深受人们喜爱，并且成为皇室和贵族的宠物，还得到了伊丽莎白女王的青睐呢！

漂亮的小胖子

　　荷兰猪体形短粗且四肢小巧，尾巴几乎看不见，整体看起来圆圆的。它们的体毛柔顺光亮，有黑色、白色、巧克力色等颜色，也有一些荷兰猪身上点缀着各式各样的彩色斑纹，看起来就像软绵绵的布偶，让人忍不住想要抱一抱。

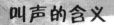
叫声的含义

　　在不同的情况下，荷兰猪会通过不同的叫声来表达自己的情绪。比如，主人刚下班回到家里，荷兰猪就会发出洪亮的口哨声，这说明它们心情非常好。如果主人将它们抱起来，它们就会发出"咕咕"的声音，告诉主人，它们很享受这样被宠爱。但是，如果主人很忙，很长时间没有陪荷兰猪玩耍，它们就会发出"叽叽"的声音，好像在向主人抱怨。

调皮的雪貂

雪貂原本是一种凶猛的肉食动物，后来被人们驯养，用来捕鼠和打猎。到了文艺复兴时期，欧洲贵族开始尝试将这种可爱的小动物当成宠物。现在，雪貂已经成为很多人想拥有的可爱萌宠了。

雪貂的声音

雪貂活泼好动。有时候，它们会一边手舞足蹈地玩耍，一边发出"咯咯"的声音，就像在开心地笑，这说明它们的心情不错。这时候，如果主人过去抚摸雪貂，它们就会发出"呀呀"声，就像开心的小婴儿的笑声，这是它们在对主人撒娇呢！

调皮的小家伙

雪貂就像一个拥有探索精神的孩子，对周围的环境充满好奇，总是跑跑跳跳地不停探险，一刻都闲不下来。它们经常爬到家具后面、钻进抽屉里，去探索新鲜事物。如果发现了好玩的玩具，它们就会千方百计地弄到手，然后开心地把玩具收集到自己的"玩具库"。玩累了的时候，雪貂通常会跳到沙发上呼呼大睡，有时候还会调皮地跑到主人的床上美美地睡大觉。

81

第三章

个性异宠，太装酷

真奇怪，它长着猪鼻子

在观赏龟大家族里，有一种长相奇特的龟，它们的鼻子长长的、肉嘟嘟的，还有两个粗大的鼻孔，看起来很像小猪的鼻子，所以人们将这种有趣的龟称为猪鼻龟。

游泳能手

　　猪鼻龟喜欢生活在水里，除了繁殖外，它们很少到岸上活动。猪鼻龟是龟类家族里的游泳能手，它们的泳姿优雅矫健，一会儿混进鱼群里和小鱼玩耍，一会儿探出头瞧瞧水外的环境。更特别的是，猪鼻龟还可以快速地倒游，这是它们的绝技。

吃什么

　　猪鼻龟是个大胃王，它们的食性很杂，小鱼、小虾、水生植物……这些它们几乎都吃。但在众多食物中，猪鼻龟更喜欢吃肉。不过，猪鼻龟在捕食方面并不主动，遇到什么就吃什么，很少会积极主动地出击捕食。

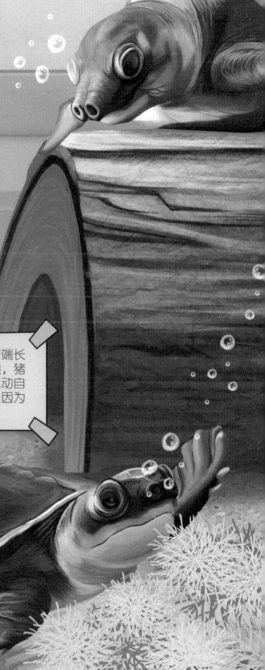

安琪儿放大镜

　　猪鼻龟的四肢很别致，形状就像鱼鳍，但是前端长着两枚尖利的刺，那是猪鼻龟的爪甲。游动的时候，猪鼻龟的鳍状肢在水里灵活摆动，让猪鼻龟在水里运动自如。但是，它们的四肢不能缩进龟甲里，也许正是因为这样，猪鼻龟只好锻炼自己的游泳技能，躲避敌人。

身穿花外衣的地图龟

地图龟主要分布在美国大陆附近，是一种特色鲜明的宠物龟。它们种类多样，有的体形硕大，有的身穿彩衣，还有的长着有力的大嘴……但是，它们身上都布满漂亮的花纹。

装扮真奇特

地图龟的皮肤和龟甲上点缀着一条条别致的细线，像地图上的公路行车图，也很像地图上的地形线，这正是地图龟名字的由来。有些种类的地图龟龟甲上还画着彩色的条纹，好像是穿着一件精致的花外衣。

龟甲上有锯齿

地图龟的龟甲中央有几枚非常明显的刺突，看起来就像一排锋利的锯齿，因而地图龟也被称为锯齿脊龟。除了龟甲顶端的刺突，有些种类的地图龟龟甲后缘也长着锯齿，这让地图龟在观赏龟家族里显得尤为特别。

马小跳告诉你

在地图龟家族里，雌性和雄性之间存在明显的差别。与雌性相比，雄性地图龟的尾巴更长，前爪也更加发达，但雄性地图龟的体形却比雌龟小很多。另外，有些种类的雌龟还会发育出巨大的头部和颈部，这也是雌雄地图龟之间的差别之一。

红耳朵的巴西龟

巴西龟是最常见的宠物龟之一，在很多宠物市场都可以看到它们的身影。巴西龟外形可爱，性格活泼好动，拥有"可爱锦绣龟"的美称。

起床啦！

别吵，巴西龟要冬眠了。

找借口！是你想睡懒觉吧。

看起来真可爱

巴西龟龟甲扁平，头部宽大，吻部圆圆的，一双眼睛就像别致的宝石，眼睛后边有一块明显的红色条纹，那是巴西龟的耳朵。在水里的时候，它们会快速摆动四肢，顽皮地游动。到了岸上，它们就会慢吞吞地散步，偶尔抬头瞅瞅，如果发现有什么响动，就迅速缩进坚硬的铠甲里，有趣极了。

活泼爱玩耍

巴西龟性情活泼，喜欢在鱼缸里到处探险，有时候还会淘气地追逐小鱼。阳光明媚的时候，它们会趴在岸上，舒服地伸展着脖子和四肢，悠闲地晒太阳。别看巴西龟懒洋洋的，实际上，它们可是时刻留意着周围的风吹草动呢！巴西龟对声音的反应非常灵敏，如果察觉到周围有响动，它们就会迅速地钻进水里。

喜欢攀爬

巴西龟是著名的攀爬能手。和其他观赏龟在一起玩耍的时候，巴西龟会淘气地爬到小伙伴的背甲上。在鱼缸里的时候，它们也会用小爪子抓住鱼缸壁奋力向上爬，直到爬出鱼缸，在家里到处探险。有时候，巴西龟还会尝试爬上沙发，但经常爬到一半就摔在地上，腹部朝上，努力地摆动四肢想翻过来，逗得人哈哈大笑。

冬天睡大觉

巴西龟是一种变温动物，当周围环境的温度低于20℃时，它们会觉得很冷，就不喜欢运动了，食欲也有所降低。如果温度低于15℃，巴西龟就只想慵懒地睡大觉。冬天的时候，巴西龟通常是在呼呼大睡，这时候，主人不要吵醒它们，以免影响巴西龟的代谢和发育。

夏林果对你说

　　当气温降低的时候，主人可以通过加热棒给鱼缸加温，让水温保持温暖。这样，巴西龟就可以不冬眠了，它们会在鱼缸里自由玩耍，而且食欲也不会受影响。但是，为了不打乱它们的生理规律，每天给它们喂食一次就可以了。

外形别致的蛋龟

蛋龟外表可爱、性情活泼，是宠物龟里非常有特色的成员之一。它们种类多样、体形较小、色彩鲜艳，适合养在水族箱里当作观赏宠物。

看起来像鸡蛋

蛋龟的背甲是半球形的，表面非常光滑，从上向下看就像一枚大大的鸡蛋。蛋龟不是一种特定的龟，而是很多龟类的统称。蛋龟的一些成员有一项特殊技能，它们的胸甲可以自由活动，遇到危险时可以将外壳完全封闭，看起来更像一枚圆圆的鸡蛋了。

喜欢搞破坏

蛋龟活泼好动，而且性情比较凶猛。平时，它们会在鱼缸里横冲直撞，用锋利的爪子去捕猎小鱼，把小鱼吓得到处逃窜。无聊的时候，蛋龟就潜进水里，用小爪子刨底砂解闷。有时候，它们还会跑到水草丛里，把水草扯得一团糟，或直接用嘴巴咬断水草，把鱼缸里弄得一片狼藉。

你知道"墨西哥巨蛋"吗?

什么蛋?好不好吃?

不是吃的,是一种有趣的乌龟。

唐飞也来说一说

有些生活在野外的蛋龟,经常爬到水边的树枝上晒太阳。它们是技术高超的跳水运动员,如果周围有风吹草动,它们就会直接从高高的树枝上跳到水里逃跑。

玉米蛇，很温顺

听说马小跳要带着大家去探索宠物蛇，女孩儿们强烈反对。但是，丁文涛向大家透露，他们要去探索的是一种非常温顺漂亮的蛇，女孩儿们这才放下心来。于是，大家带着满满的好奇心出发了。

漂亮的颜色

玉米蛇原产于美国东南部的森林和草原，是一种没有毒的蛇，因色彩鲜艳多变而深受人们喜爱。刚孵化的小玉米蛇大约 30 厘米长，成年的玉米蛇可以长到 1 米以上。它们的颜色鲜艳亮丽，体色通常以灰色、褐色、橙色等颜色为主，身体上描绘着漂亮别致的花纹，看起来就像精心描画的艺术品。

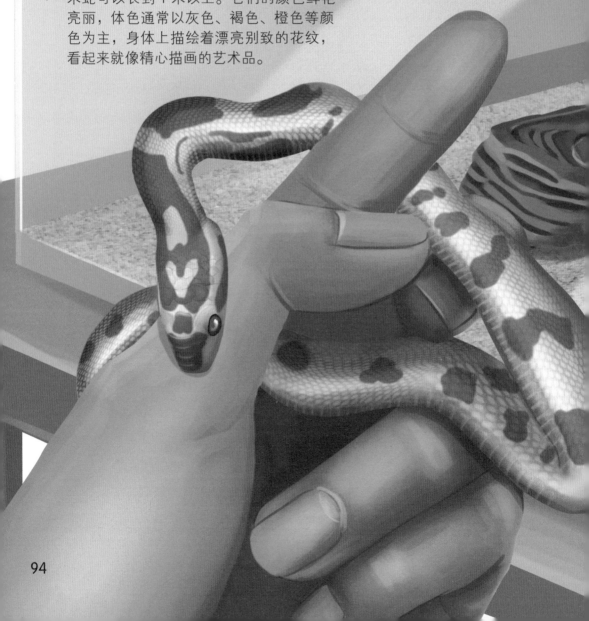

具有攻击性

　　玉米蛇性情温顺，主人可以把它们缠绕在胳膊上，让它们在身上自由玩耍，还可以与它们亲吻。但是，玉米蛇毕竟是蛇类，主人在与它们嬉戏的过程中也要注意分寸。如果玉米蛇受到惊吓或被过度挑衅，它们就会发怒，用尖利的牙齿发动攻击。

丁文涛小课堂

　　蛇类是冷血动物，它们只能通过吸收外界的热量来改变体温。当环境温度升高时，它们的代谢活动会比较活跃，体温也随之升高；当环境温度降低时，它们的代谢活动就会减弱，体温也随之下降。

打扮怪异的高冠变色龙

宠物市场里有一种变色龙，它们的头部有着高高突起的头冠，看起来就像戴着别致的礼帽，所以人们直接称呼这种变色龙为高冠变色龙。

神奇的眼睛

高冠变色龙的眼睛非常奇特，上下眼睑连在一起，瞳孔很小。它们的眼睛可以进行360度的自由旋转。当高冠变色龙观察猎物时，两只眼睛就会转向相同的方向。高冠变色龙的左右眼可以独立聚焦、单独活动，因而能够同时观察两个不同的物体，真是神奇！

马小跳告诉你

高冠变色龙的眼睛虽然灵活，但是看不到静止的水，因而高冠变色龙不会到饲养箱内的水盆里喝水。主人在饲养高冠变色龙的时候，应该通过喷雾、滴水的方式为它们供应水。

捕食表演

　　高冠变色龙是一种杂食性变色龙，它们把小昆虫当作主食，偶尔也会吃一些蔬菜水果改善口味。高冠变色龙捕食的时候，就像在进行一场精彩的表演。瞧，它们正在悄悄改变体色，融入树枝和绿叶里，紧紧地盯着主人给它们放的小昆虫，慢慢靠近。当距离合适的时候，它们就会迅速甩出长长的舌头，准确地将小昆虫卷到嘴里，美美地吃起来。

喜欢站在树冠上

    高冠变色龙喜欢站在树枝上玩耍，并且不断向树干高处攀爬，有时候还会把尾巴缠绕在树枝上，表演一些高难度动作。所以，主人应该为高冠变色龙提供一个足够高的活动空间，在里面装饰上藤条、树枝，并且在上面装饰一些小树叶、杂草等，尽量让饲养箱显得自然些，这样可以让高冠变色龙更加活跃。

另类宠物绿鬣蜥

看到绿鬣蜥，你一定会被它吸引：碧绿的身体，修长的身材，耸立的背刺，恐龙一般的形态……让人不禁想：如果能有一只绿鬣蜥当宠物，一定会很威风！

真是个大家伙

绿鬣蜥身材修长，体长可以达到两米左右，爪子长而锋利，颈背上长着长长的锯齿状的刺突，看起来就像威武的将军。它们的尾巴就像一条粗壮的长鞭，遇到敌人时，绿鬣蜥就把它当作武器用来攻击。

用舌头品尝气味

绿鬣蜥有两个粗大的鼻孔，但它们不是用来闻气味的，而是用来呼吸和排出体内多余盐分的。绿鬣蜥的舌头才是它们品鉴气味的好帮手。平时，绿鬣蜥经常会把舌头伸出来，看起来好像在调皮地玩耍，其实是在收集空气中的气味信息，探测周围的环境。

毛超也来讲一讲

爬行动物一般是没有听力的，但是绿鬣蜥不同，它们可以听到周围的响动。绿鬣蜥头部两侧有两个小小的圆片，那就是它们的耳朵。平时，主人在放音乐时应该稍微小声一些，以免让绿鬣蜥焦躁紧张。

爱打扮的豹纹守宫

　　豹纹守宫是最受欢迎的爬虫宠物之一，它们漂亮又温顺。更让宠物爱好者着迷的是，豹纹守宫容易繁殖，能够变异出新的斑纹，给主人带来无限惊喜。

奇妙的尾巴

　　豹纹守宫遇到敌人时，会自动断掉尾巴。断掉的尾巴不停蠕动，吸引敌人的注意，豹纹守宫就可以趁机逃脱了。断掉尾巴并不会对豹纹守宫造成影响，因为过一段时间它们还会长出新的尾巴。不过，新的尾巴比较粗，长度只有原来的一半，颜色和质地都不均匀，看起来有些滑稽。

穿着豹纹装

　　豹纹守宫非常喜欢打扮。它们刚出生的时候，身体是白色的，上面围绕着一圈圈漂亮的黑棕色花纹。在成长过程中，豹纹守宫身上的环状条纹就逐渐变成了斑点。成年后，豹纹守宫就会彻底改头换面，成为身穿豹纹装的另类萌宠。经过人们的精心选育，豹纹守宫又出现了许多特殊的体色，这让它们更招人喜欢了。

安琪儿放大镜

　　豹纹守宫的尾巴是用来储存脂肪的，当食物缺乏时，可以作为豹纹守宫的能量宝库。豹纹守宫断掉尾巴后，需要大量进食，才可以重新长出尾巴。

大眼睛的蛙眼守宫

在宠物蜥蜴的家族里，蛙眼守宫是最常见的成员之一。它们个性活泼，喜欢与主人互动玩耍，深受宠物玩家喜欢。

蛙眼守宫生气了！

你怎么知道的？

它在摇尾巴。

我还以为它在模仿狗狗呢。

大眼睛的萌宠

蛙眼守宫胖乎乎的，全身披着精致的鳞片，背上点缀着美丽的花纹，漂亮极了。它们的眼睛又大又圆，与青蛙的眼睛很像。蛙眼守宫喜欢悠闲地观察周围，看到新奇的东西就吐出粉嫩的舌头舔舔。爬行的时候，它们的身体左摇右摆，就像跳舞一样，别提多有趣了。

淘气的小家伙

蛙眼守宫活泼好动，经常会用小
爪子不停地挖饲养箱底部的沙土打发
无聊的时间。它们跳跃能力很强，在
室内玩耍的时候，会调皮地跳到主人
脚上，把主人吓一跳。主人追它们的
时候，它们就会连蹦带跳地钻到家具
下面，与主人玩捉迷藏。

夏林果对你说

雄性蛙眼守宫对同性充
满了敌意，见面后会爆发激
烈的战争，所以主人在饲养
的时候，应该将雄性蛙眼守
宫分开。

胖乎乎的蓝舌石龙子

蓝舌石龙子是世界上第二大的石龙子，体长可至60厘米左右。别看它们的体形很大，性格却非常温顺，不会攻击人，而且很容易被驯化，成为乖巧的宠物。

滑稽的外形

蓝舌石龙子身材肥大，四肢短小，就像一条吃了很多食物的蛇。它们的舌头是蓝色的，好像刚偷喝过蓝墨水。爬行的时候，它们的腹部几乎贴在地上，短小的四肢努力地支撑着肥大的身躯，尾巴左摇右摆，看起来就像一个喝醉酒的壮汉。疲倦的时候，它们就伸展四肢，舒舒服服地趴在地上，眯着眼睛呼呼大睡。

喜欢与主人互动

蓝舌石龙子刚被主人带回家时，对周围的环境比较陌生，对主人也充满敌意，总是张着嘴呼呼喷气，向主人示威。过几天，它们熟悉了主人后，就会乖巧起来，任凭主人拿在手里、放在肩上玩耍。它们喜欢伸出蓝色的大舌头舔主人，把口水涂在主人身上，表达对主人的喜爱之情。

第四章

小鸟鱼虫也漂亮

身着华服的红嘴相思鸟

红嘴相思鸟体形娇小、叫声动听、毛色亮丽，有"五彩相思鸟"的美称。它们喜欢雌雄成对地相互偎依在一起，看起来恩爱有加，因而也被人们称为"情鸟"。

讲究卫生

红嘴相思鸟喜欢干净，吃过食物之后，会在餐具上把嘴边的食物残渣蹭掉。主人应该给它们提供合适的浴池，让它们舒舒服服地洗澡。洗澡的时候，红嘴相思鸟会站在水池里，用嘴巴蘸水梳理翅膀上的羽毛，有时会灵巧地弯下身子用水清洗脖子上的羽毛，偶尔还会展开翅膀在水池里跳来跳去。洗好澡之后，它们就跳到横木上悠闲地晒太阳了。

华丽的色彩

红嘴相思鸟小巧玲珑，红红的小嘴精美别致，羽毛色彩多样且鲜艳动人。它们全身大部分羽毛为橄榄绿色，眼睛周围涂着浅色的眼影，脖子上围着黄色的围巾，翅膀上描绘着一条条橘色的条纹，黑棕色的尾巴上还画着别致的斑纹，就像盛装打扮的表演家。

画着眼线的绣眼鸟

阳光明媚，花鸟市场的鸟儿们心情大好，欢快地鸣叫起来。鸟鸣声此起彼伏，仔细听，有一只鸟叫得特别洪亮清脆。顺着声音看过去，原来是绣眼鸟。

画着眼线的小鸟

绣眼鸟小巧玲珑，嘴巴细小精致，羽毛是浅绿色的，看起来就像一件精致的玉雕。绣眼鸟的眼睛周围长着一圈明显的白色短绒毛，看起来就像描着眼线一样，所以，人们就用"绣眼"来称呼它们。

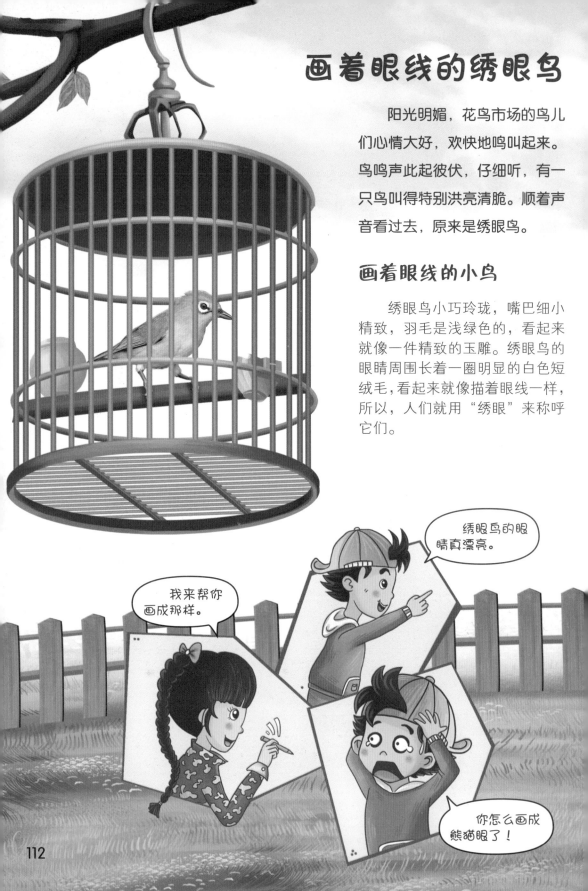

喜欢唱歌

　　绣眼鸟是歌唱家，当主人逗它们的时候，绣眼鸟就会发出婉转优美的鸣叫声表示回应。如果在户外，听到其他鸟叫声，它们就会显得很兴奋，并且发出高亢洪亮的声音，与鸣叫的小鸟比个高下。

夏林果对你说

　　鸟儿在笼子里的活动空间很小，运动量不足，容易出现肥胖的现象。主人可以经常带鸟儿去公园，让它们接触大自然，保持好心情。在公园里，鸟儿还能与其他鸟儿相互交流，练习唱歌技巧呢！

金丝雀，真漂亮

金丝雀原产于非洲西北海岸，它们天生有好歌喉，叫声优美动听。美丽的羽毛和修长的身材，更让金丝雀成为爱鸟人的"宠儿"。

颜色多样

金丝雀种类繁多，颜色各异。有的金丝雀全身金黄，闪耀夺目；有的金丝雀通身粉红，清秀大方；有的金丝雀通体洁白，高贵优雅……人们还不断培育出更多金丝雀的新种类，有的在翅膀上描画了漂亮的条纹，有的在尾巴上点缀上新颖的斑点，还有的更加另类新奇，通身都点缀着别致的花纹。

讲卫生的鸟儿

金丝雀很爱干净，它们的笼舍要经常清洁，栖杠也要时常清洗，否则的话金丝雀可是会生病的。另外，金丝雀喜欢洗澡，即便冬天也不例外。

金丝雀学唱歌

小金丝雀刚孵化出来的时候，眯着眼睛，只会张着嘴巴乱叫。一个月左右，它们的羽毛逐渐丰满，叫声也渐渐多样化，但是还没有达到歌唱家的水平。它们需要经过善于鸣叫的鸟儿指点，才可以唱出真正动听的歌。它们的"老师"可以是金丝雀、百灵鸟、山雀等歌唱家，也可以是有鸟儿叫声的唱片。小金丝雀会根据"老师"的歌唱特点，不断提升自己的技能，成为歌唱家。

长眉毛的画眉鸟

　　画眉鸟是最善于鸣叫的鸟类之一，可以长时间连续鸣叫。它们不仅叫声婉转多变，而且还能模仿其他鸟类的叫声，就像一个技艺高超的歌唱家，难怪人们把画眉鸟称为"鸟类歌唱家"了。

画着长眉毛

　　画眉鸟的羽毛是棕色的，不能与金丝雀漂亮的羽毛相媲美。但是画眉鸟却用一个别致的妆容让自己看起来与众不同——它们的眼睛周围是一圈白色，在眼睛上方还有一条长长的眉毛。这样一来，画眉鸟在鸟类家族里就有了自己的身份象征。

鸟也有眉毛吗？

就是因为没有才要画嘛。

勇猛的斗士

画眉鸟生性好斗，勇猛强势，享有"英雄鸟"的美誉。锋利的爪子、尖锐的嘴巴就是它们的武器。打斗的时候，它们会灵巧地上下翻飞，用爪子去攻击对手，并且能够抓住时机发挥嘴巴的威力。如果对手反扑，它们就敏捷地一闪，轻巧地避开攻击，并且一跃而起，将对手扑倒在地。

安琪儿放大镜

画眉鸟的眉毛形状多样，主要包括平伸、上翘、下弯三种类型。画眉鸟眉毛的走向、粗细、眉梢变化各不相同，有的像一条长线，有的像别致的笋尖，有的像漂亮的玉带。

五颜六色的鹦鹉

　　鹦鹉是鸟类家族里最重要的成员之一，总共有三百多种。它们身披彩衣、能歌善舞，是森林里著名的表演家，更是宠物鸟家族里最惹人喜欢的漂亮宝贝。

牡丹鹦鹉

　　牡丹鹦鹉体形娇小，它们的嘴巴小巧而鲜艳，眼睛周围描着可爱的眼线，背部羽毛是翠绿色，头部羽毛是褐色，胸部羽毛是漂亮的金黄色，艳丽多彩，非常惹人喜欢。它们不仅漂亮，而且重情重义，喜欢成双成对生活在一起，相互梳理羽毛，挤在一起睡觉，有时候还会彼此喂食，看起来恩爱有加，所以也被人们称作"情侣鹦鹉"。

红绿金刚鹦鹉

　　红绿金刚鹦鹉产于美洲热带地区，是一种巨无霸鹦鹉。它们的面部没有羽毛，但是描绘着彩色的条纹，就像京剧舞台上五彩的花脸脸谱。它们头部、颈部、胸部有鲜艳的红色羽毛，而背部到尾巴则是迷人的蓝绿色羽毛，看起来就像马戏团里穿着鲜艳服饰的演员。

总学我说话，你是鹦鹉吗？

不是啊，我可没那么漂亮。

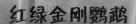

唐飞也来说一说

　　红绿金刚鹦鹉与五彩金刚鹦鹉有相似之处，它们都有着高大的身材和色彩鲜艳的羽毛。但是，它们背部的羽毛有着明显的不同：五彩金刚鹦鹉背部的羽毛为黄色，红绿金刚鹦鹉背部的羽毛为绿色。

紫蓝金刚鹦鹉

紫蓝金刚鹦鹉是鹦鹉家族里的大块头。它们披着鲜艳的蓝色披风，眼睛周围涂着俏皮的眼影，嘴巴就像弯弯的钩子。它们喜欢悠闲地享受日光浴，这时候，它们的羽毛就会在太阳的照射下泛出漂亮的深蓝色光泽。

马小跳告诉你

紫蓝金刚鹦鹉的嘴巴强大有力，可以轻易地咬碎坚硬的果壳，甚至还能打开椰子。它们无聊的时候，会用嘴巴不停地咬鸟笼的铁杆，有时候甚至可以拆毁鸟笼。

虹彩吸蜜鹦鹉

　　虹彩吸蜜鹦鹉的头部是深蓝色的，颈部后面有金黄色的环纹，背部则是鲜艳光亮的翠绿色，它们的胸部是张扬热烈的橘红色，上面还点缀着黑色的漂亮斑纹。如果将鸟笼放在花丛里，虹彩吸蜜鹦鹉还会探出鲜艳的小嘴，调皮地去吸花朵里面的花蜜，可爱极了。

模仿大师鹩哥

鹩哥善于鸣叫，能够学人说话，是一种非常受欢迎的观赏鸟。这些调皮的鸟儿每天叫个不停，有时还会开口向主人问好，给主人带来无限的欢乐。

你好、你好、你好……

笼子里的鹩哥

鹩哥通体黑色，在阳光的照射下闪耀着金属光泽。它们的头部后面有两片橘色的肉垂，就像别致的头饰。鹩哥的嘴巴是橘黄色的，在阳光下就像漂亮的琥珀。

我是在训练鹩哥说话。

我听到了，你不用说这么多遍！

模仿大师

　　鹩哥善于鸣叫，叫声响亮婉转，而且善于模仿，它们的模仿能力比鹦鹉还强。听到其他鸟儿的叫声，鹩哥就会调皮地模仿一番，声音惟妙惟肖，经常会让对方以为鹩哥是自己的同类。主人们非常喜欢鹩哥聪明、善于模仿的特性，并且会对它们加以训练，让鹩哥学说话。经过训练，鹩哥可以学会说简单的词语，有些技艺高超的鹩哥还能唱歌呢！

八哥本领强

八哥通体黑色，没有鹦鹉那样华丽鲜艳的羽毛，但它们的本领非常强。在野外，它们是捕捉害虫的能手；在主人家里，它们是技能高超的表演家，能歌善舞，还会与主人互动呢！

善于表演

八哥活泼好动，喜欢逗主人开心。那些训练有素的八哥，主人走到哪里，它们就会飞到哪里。有时候，它们还会在主人的指挥下进行飞翔表演。完成表演后，它们就会乖乖地回到主人旁边。如果主人伸出手，八哥会乖巧地跳到主人手上，调皮地看着主人，就像一个可爱的小顽童。

聪明的八哥

八哥原有的叫声沙哑，并不动听。但八哥是非常聪明的鸟类，它们可以通过学习，模仿其他鸟类的鸣叫声，有些八哥还能惟妙惟肖地模仿乐器的声音。如果主人认真调教，八哥还可以讲话呢。

毛超也来讲一讲

八哥好奇心强，如果有人用手指逗弄关在笼子里的八哥，它们可能会因为好奇而用力地啄。所以，小朋友在观赏八哥的时候，应该与它们保持一定的距离，以免受到八哥的攻击。

在水中飞翔的神仙鱼

在观赏鱼大家族里，神仙鱼是最受人欢迎的成员之一。它们体态优美、风姿翩翩，就像在水中起舞的小精灵，让人无限喜爱。

水族箱里的小精灵

神仙鱼体形娇小，全身披着细小精致的闪亮鳞片。它们的背鳍和臀鳍又大又长，稍微有些透明，就像美丽的纱裙。它们的胸前还装饰着飘逸的绸带。游动的时候，神仙鱼的鳞片随着光线的变化不停闪烁，它们的鱼鳍会优雅地摆动，看起来就像在水族箱里翩翩飞舞的小精灵。

不许抢占领土

神仙鱼的性格并不像它们的外表那样温和优雅，如果水族箱里加入了其他小鱼，神仙鱼就会气势汹汹地冲过去，把新成员赶到水族箱的角落里。然后神仙鱼就像胜利的将军一样，在水族箱里大摇大摆地游来游去。但是，如果遇到虎皮鱼，神仙鱼就不那么狂妄了。淘气的虎皮鱼会追着神仙鱼游来游去，咬它们的鱼鳍，但不会给神仙鱼造成严重伤害。

张达说一说

神仙鱼种类繁多，根据尾鳍的长度，可以分为短尾神仙鱼、中长尾神仙鱼和长尾神仙鱼。

斗鱼，别打架

斗鱼是一种小型的淡水鱼类，种类多样，体形、体色因种类不同而变化多端。它们性格暴躁，经常和其他成员展开激烈的战斗，享有"水族斗士"的美誉。

华丽的彩衣

斗鱼色彩艳丽、体态优雅、身材修长。斗鱼的鱼鳍几乎比身体还要大，像飘动的绸缎。它们的鱼鳍有的像盛开的花朵，有的像展开的蒲扇，有的像彩色的长裙……斗鱼游动的时候，宽大的鱼鳍会在水里优雅地摆动，让斗鱼看起来就像身穿华服的少女。

斗鱼大战

　　斗鱼脾气暴躁，喜欢打斗，经常攻击其他小鱼。如果两条雄性斗鱼遇到一起，更是会展开激烈的战斗。它们将鱼鳍充分展开，不停地向对方示威，然后猛地冲向对手，相互咬住鱼鳍，在水里上下翻腾，一会儿双双沉入鱼缸底部，一会儿又追逐着游到水面，直到一方获胜，这场争斗才会罢休。

丁文涛小课堂

　　雄性斗鱼如果在鱼缸壁上看到自己的影子，会以为那是其他雄性斗鱼，就会对着鱼缸壁展开猛烈攻击。这是由于在动物世界里，雄性动物喜欢炫耀自己的美丽，博取雌性的好感，它们对比自己漂亮的其他雄性格外妒忌，因而经常会大打出手。

接吻鱼，好亲密

接吻鱼为什么喜欢亲吻，是在表示喜欢吗？如果你这样想，那可就误会了，接吻鱼亲吻的动作不仅不是表示亲密，反而是表示争斗，这很有意思吧！

游动的桃花

接吻鱼身体大部分为闪亮的银色，背部则是娇嫩的粉色，就像刚刚绽放的桃花，所以很多行家把接吻鱼称为"桃花鱼"。它们的头部大大的，嘴唇厚厚的，鱼鳍就像透明的蝉翼。游动的时候，接吻鱼轻轻摆动鱼鳍，优雅地在鱼缸里游来游去，有无限风情。

接吻鱼好亲密呀！

它们那是在打架呢！

为什么喜欢接吻

两条接吻鱼彼此相遇时，它们会相互靠近，伸长嘴巴，亲密地接吻。接吻并非接吻鱼相互爱恋的举动，而是它们争夺领地的战斗。接吻的时候，接吻鱼的嘴巴就像有力的吸盘，将对方牢牢吸住，两条接吻鱼在接吻的过程中会暗暗较劲，直到一方胜出，接吻的过程才告一段落。

夏林果对你说

接吻鱼的进食方式非常有趣，它们不停地张开大大的嘴巴，将水里微小的生物吞到嘴里。有时候，它们还会用厚厚的嘴唇贴在鱼缸的内壁或缸内的水草上，吮吸上面的青苔。

漂亮的珍珠马甲

　　观赏鱼家族成员众多且各具特点，变化多端的造型及绚丽丰富的色彩，让人目不暇接。你瞧，水族箱里又来了穿着华丽珍珠衫的美丽成员——珍珠马甲。大家一起来认识它们吧。

珍珠马甲的触须那么长，是用来做什么的？

为了装饰呀，多漂亮。

用来当武器。

那是它们的触觉探测器。

华美的装扮

珍珠马甲身体呈银褐色，全身点缀着别致的银色珠点，就像穿着一件珍珠做成的马甲。它们的背鳍较小，尾鳍像展开的扇面，腹部的鱼鳍非常宽大，就像一件华美的长裙，胸鳍最为别致，像一对又细又长的金黄色触须。当珍珠马甲迎着光线优雅地在鱼缸里游动时，它们身上的珍珠斑点就会随着光线的变化闪耀着美丽的光泽，让它们看起来就像盛装打扮的贵妇人。

求偶表演

在繁殖期，雄性珍珠马甲的体色会变得非常艳丽。雄性珍珠马甲会在鱼缸里游来游去，寻找自己心仪的伴侣。如果它在水草丛里遇到了一条让它心动的雌性珍珠马甲，它会欢喜地游过去，展开美丽的鱼鳍，在雌性珍珠马甲面前翩翩起舞，并且围着心上人游来游去，希望得到对方的青睐。

路曼曼讲故事

珍珠马甲产卵后，由雄性负责照顾鱼卵。如果有卵从巢穴里掉出来，雄性珍珠马甲会用嘴巴将鱼卵接住，然后轻轻地放回巢穴里。小鱼孵化出来后，雄性珍珠马甲还会继续担任保卫者，赶跑那些不怀好意的鱼。

喜欢唱歌的蝈蝈

鸣虫家族里有一个身穿翠绿外衣、整日放声高歌的成员，它的名字叫作蝈蝈。实际上，蝈蝈是个统称，螽斯科所有善于鸣叫的昆虫都可以被称为蝈蝈。

翠绿的小精灵

蝈蝈全身翠绿，长着三对足，一对后腿特别强壮，总是弯曲着，好像随时准备跳跃。它们头部大大的，头顶上竖着一对摆来摆去的触须。它们穿着别致的小马甲，背上还长着小巧玲珑的翅膀。平时，蝈蝈喜欢悠闲地趴在笼子里享受日光浴。它们的身体在阳光的照射下晶莹剔透，看起来就像用翠玉精心雕琢成的艺术品。

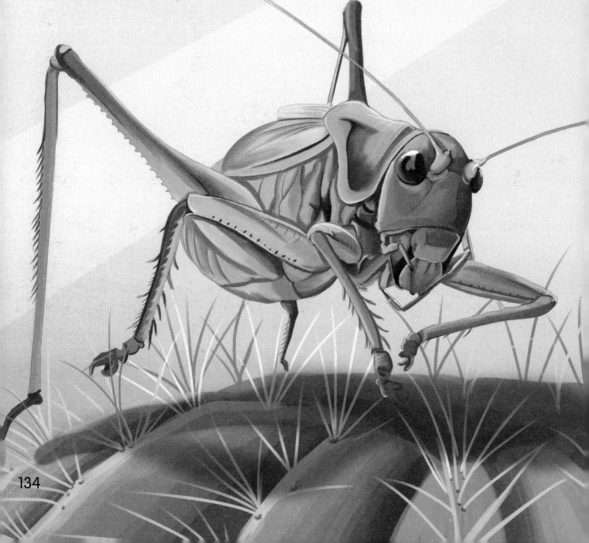

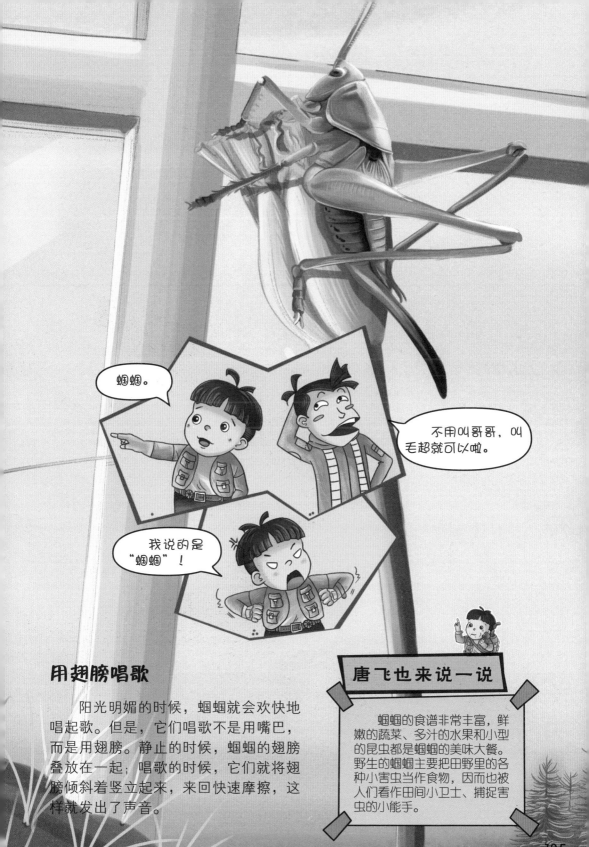

用翅膀唱歌

阳光明媚的时候，蝈蝈就会欢快地唱起歌。但是，它们唱歌不是用嘴巴，而是用翅膀。静止的时候，蝈蝈的翅膀叠放在一起；唱歌的时候，它们就将翅膀倾斜着竖立起来，来回快速摩擦，这样就发出了声音。

唐飞也来说一说

蝈蝈的食谱非常丰富，鲜嫩的蔬菜、多汁的水果和小型的昆虫都是蝈蝈的美味大餐。野生的蝈蝈主要把田野里的各种小害虫当作食物，因而也被人们看作田间小卫士、捕捉害虫的小能手。

斗一斗吧，蟋蟀

蟋蟀俗称"蛐蛐"，是一种非常古老的昆虫，约有上亿年的历史。它们个头不大，脾气却不小，如果两只蟋蟀遇到一起，通常会展开一场激烈的斗争。

看，蟋蟀

蟋蟀体形较小，全身乌黑油亮。它们长着钳子一样的大牙齿，头顶上的触须比身体还要长。它们有两对小巧的前足和一对健壮有力的后足。平时，蟋蟀会慢悠悠地在地上散步，如果受到惊吓，它们就用后足突然发力，一下跳出很远。

雌雄差别

一般而言，雌蟋蟀个头要比雄蟋蟀大，但翅膀比较小。根据翅膀上的花纹，也可以区分蟋蟀的性别：翅膀上有明显凹凸花纹的蟋蟀为雄性，而花纹比较平直的则为雌性。除了以上差别，雌性蟋蟀与雄性蟋蟀的尾部也不相同：雄性蟋蟀有两条细长的尾毛，雌性蟋蟀两条尾毛间还多出一条产卵管，看起来就像有三条尾毛。

马小跳告诉你

蟋蟀的听觉很灵敏，即使是周围的微小响动，也会被它们的"耳朵"收听到。它们的"耳朵"与哺乳动物的耳朵有些不同，更科学的称谓应该是"听器"。蟋蟀的听器位于前足节上，由绒毛等特殊结构构成，能够准确分辨同伴发出的声音。

斗蟋蟀

　　当两只蟋蟀相遇，一场激烈的大战就要开始了。它们注视着对手，竖立起翅膀发出洪亮的鸣叫声，好像在向对方宣战："放马过来吧，我要打败你！"然后，两只蟋蟀会一跃而起，把钳子般的大牙齿当作武器，展开争斗。它们不停旋转身体，灵巧地避开对手的攻击，然后用头顶对手，用强壮的后足踢对手。经过几个回合的大战，战败的蟋蟀会躲在战场一角，而胜利的蟋蟀则趾高气扬地在战场上走来走去，偶尔还会振翅高歌，向主人邀功呢！

蟋蟀文化

　　蟋蟀自古以来就是人们赏玩的重要宠物之一。唐朝天宝年间，人们就开始养蟋蟀用来斗玩。到明清时期，斗蟋蟀更成为王公贵族的重要娱乐活动，民间也有斗玩蟋蟀的习俗。

甲虫朋友们

对你来说，甲虫也许远没有蟋蟀、蝈蝈来得熟悉，但其实它们很早就已经存在了。现在，这些身穿"盔甲"的昆虫已经成为许多人的另类宠物。

甲虫家族

甲虫是世界上数量最多的一种昆虫，成员种类超过了 36 万，除了海洋和靠近极地的地方，它们几乎可以在世界上任何地方生存。甲虫的大小差别很大，小的只有几毫米，大的有几十厘米。不过，无论大小、形态差别多大，甲虫都有着共同的特征：它们的前翅已经变成了硬硬的翅鞘，就像一件小铠甲。

甲虫很漂亮

甲虫家族中不乏漂亮的成员。瞧，它们的颜色与图案多么变化多端：有的是金色，有的装饰着条纹，有的点缀着斑点，还有的是奇形怪状的杂色图案……不仅色彩丰富，甲虫的形态也各不相同：有的头上长着角，有的嘴巴特别长……

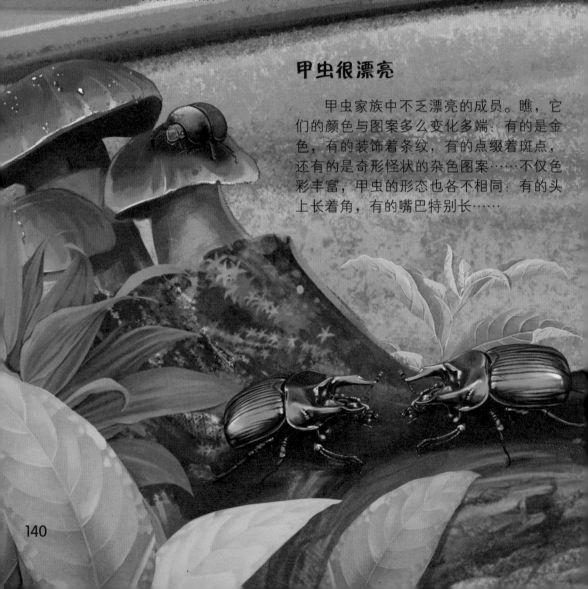

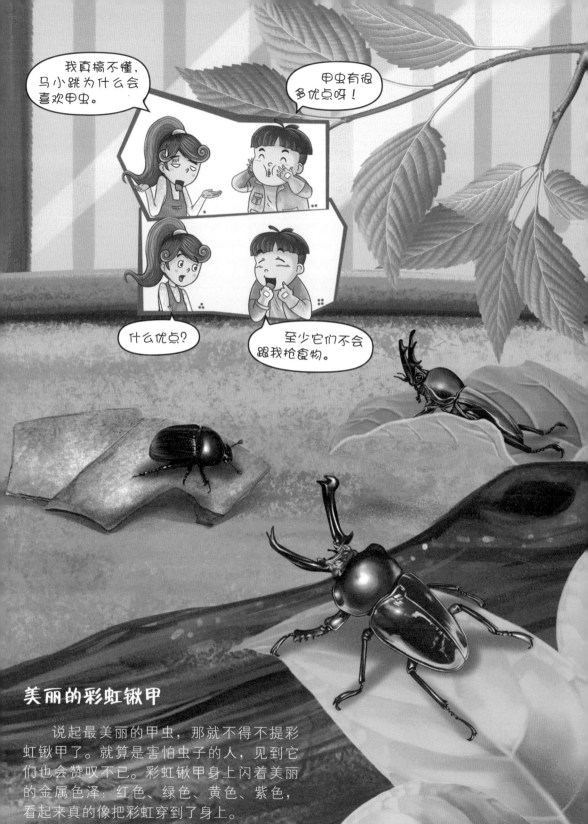

美丽的彩虹锹甲

说起最美丽的甲虫，那就不得不提彩虹锹甲了。就算是害怕虫子的人，见到它们也会赞叹不已。彩虹锹甲身上闪着美丽的金属色泽：红色、绿色、黄色、紫色，看起来真的像把彩虹穿到了身上。

威武霸气的独角仙

独角仙身披硬甲，头部长着长长的角，就像是威武的将军。成年的独角仙"力大无穷"，可以拉动比身体重数十倍的物体。独角仙很容易养，只要准备一个大小合适的宠物箱，里面铺上一层腐植土，再放上一根供它们栖息的朽木就可以了。平时，一些水果或甲虫果冻就能够满足独角仙的口腹之欲了。

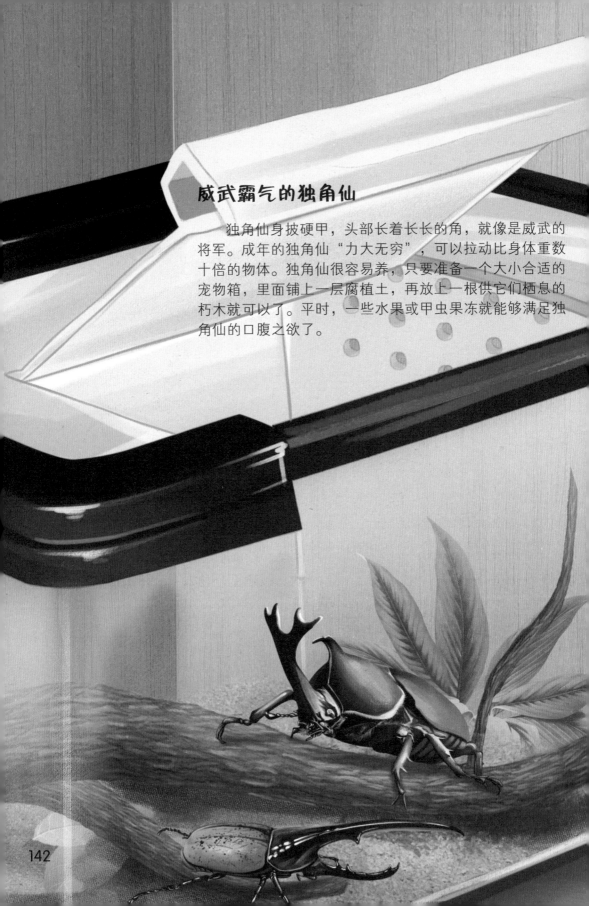

瞧一瞧花金龟

　　花金龟的种类很多，其中的大多数身穿着花衣裳，看上去有的端庄、有的威风、有的华丽。在花金龟家族中，很多成员的头顶上都有一些小突起，还有的长着角呢。

夏林果对你说

　　甲虫长大之后很漂亮，但它们的幼虫大多数都很丑陋。如果你也想拥有一只属于自己的甲虫宠物，那就一定要好好照顾甲虫宝宝，耐心地等待它们成长蜕变。

马小跳 发现笔记

　　宠物探索之旅圆满完成了，这次旅行给我和队友们带来了无限欢乐，也让我们对身边的萌宠们有了新的认识。毛超说："我们现在都是宠物专家了！"这当然是他在自夸。不过，如果你想养宠物的话，可以向我咨询，我应该算得上一个小行家了。

　　丁文涛说："生活中处处都有知识可以学习。"虽然我不喜欢他故作深沉的样子，但不得不承认，他这句话很有道理。仅仅一个宠物世界就隐藏着各种各样的知识，而我们所探索的只是一小部分而已。

　　探索的过程充实又有趣，我都迫不及待地想要开始下一场旅行了！